BEI GRIN MACHT SICH IHR WISSEN BEZAHLT

- Wir veröffentlichen Ihre Hausarbeit,
  Bachelor- und Masterarbeit

- Ihr eigenes eBook und Buch -
  weltweit in allen wichtigen Shops

- Verdienen Sie an jedem Verkauf

Jetzt bei www.GRIN.com hochladen und kostenlos publizieren

David Abend

Gelenke unseres Körpers – Bewegung durch Gelenke! (Klasse 5, Realschule)

Von Kopf bis Fuß – Wir lernen unseren Körper kennen

GRIN Verlag

Bibliografische Information der Deutschen Nationalbibliothek:

Die Deutsche Bibliothek verzeichnet diese Publikation in der Deutschen National-bibliografie; detaillierte bibliografische Daten sind im Internet über http://dnb.d-nb.de/ abrufbar.

Impressum:

Copyright © 2013 GRIN Verlag GmbH
Druck und Bindung: Books on Demand GmbH, Norderstedt Germany
ISBN: 978-3-656-85271-1

Dieses Buch bei GRIN:

http://www.grin.com/de/e-book/283596/gelenke-unseres-koerpers-bewegung-durch-gelenke-klasse-5-realschule

GRIN - Your knowledge has value

Der GRIN Verlag publiziert seit 1998 wissenschaftliche Arbeiten von Studenten, Hochschullehrern und anderen Akademikern als eBook und gedrucktes Buch. Die Verlagswebsite www.grin.com ist die ideale Plattform zur Veröffentlichung von Hausarbeiten, Abschlussarbeiten, wissenschaftlichen Aufsätzen, Dissertationen und Fachbüchern.

Besuchen Sie uns im Internet:

http://www.grin.com/

http://www.facebook.com/grincom

http://www.twitter.com/grin_com

**Zentrum für schulpraktische
Lehrerausbildung Leverkusen**

Seminar für das Lehramt an Haupt-, Real- und
Gesamtschulen

Schriftliche Arbeit gemäß § 32 (5) OVP im Fach Biologie

Prüfling:

Ausbildungsschule:

Datum der Prüfung:

Unterrichtszeit: 10:40 – 11:25 Uhr

Lerngruppe: 5 B

Lerngruppengröße: 24 (9 Schülerinnen, 15 Schüler)

Raum: Fachraum Biologie

Thema der unterrichtspraktischen Prüfung:

Gelenke unseres Körpers – Bewegung durch Gelenke!

Bezeichnung des zugehörigen Unterrichtsvorhabens:

Von Kopf bis Fuß – Wir lernen unseren Körper kennen!

Prüfungsausschuss:

Vorsitz:

Seminarausbilderin (an der Ausbildung beteiligt):

Seminarausbilderin (an der Ausbildung nicht beteiligt):

Inhaltsverzeichnis

1 Längerfristige Unterrichtszusammenhänge

1.1 Thema und Aufbau des Unterrichtsvorhabens

Von Kopf bis Fuß – Wir lernen unseren Körper kennen.

Innerhalb des Unterrichtsvorhabens „Von Kopf bis Fuß – Wir lernen unseren Körper kennen" setzen sich die Schülerinnen und Schüler[1] mit dem Aufbau und den Funktionen des menschlichen Körpers auseinander. Im Mittelpunkt der ersten Sequenz steht der Aufbau des Skeletts, die Funktionen der Muskeln sowie der Sehnen. In diesem Unterrichtsvorhaben steht das handlungsorientierte und somit motivierende Lernen im Vordergrund. Dies kann durch kleinere Experimente am eigenen Körper und dem Einsatz von Modellen erreicht werden. Im Anschluss an diese Sequenz schließt sich ein weiteres Unterrichtsvorhaben zum Thema Mensch an, dass das Blut, die Ernährung und die Verdauung beinhaltet.

Unterrichts-stunde	Thema der Stunde
1. Stunde	„Was hält uns aufrecht?" – Die SuS lernen das menschliche Skelett durch das Entwerfen eines Modells als Grundgerüst des Körpers kennen.
2. Stunde	„Tiberius Ringe braucht Hilfe!" - Geschichte zu Tiberius R. wird erzählt und die SuS ordnen in Kleingruppen die Knochen des Skeletts den entworfenen Modellen zu und erschließen somit die Anordnung der Knochen im Körper.
3. Stunde	„Warum ist die Wirbelsäule nicht gerade?" - Die Form der Wirbelsäule anhand von Modellen in Kleingruppen untersuchen und die Vorteile der doppelten S-Form erfahren.
4./5. Stunde	„Federt die Wirbelsäule unseren Körper?" - Anhand ausgewählter Modelle werden in Kleingruppen Versuche zur Wirbelsäule durchgeführt, die Eigenschaften der Wirbelsäule erschlossen und der Klasse präsentiert.
5. Stunde	„Wie kann die Wirbelsäule unser Gewicht halten?" - Anhand von Modellen führen die SuS in Kleingruppen Versuche zur Stabilität der Wirbelsäule durch und üben das Arbeiten in Kleingruppen.
6. Stunde	„Warum sind wir so beweglich?" – Den Aufbau und die Funktionsweise von Scharnier-, Sattel- und Kugelgelenken lernen die SuS anhand von Modellen in Kleingruppen kennen.

---

[1] Im weiteren Verlauf SuS abgekürzt.

3

7. Stunde	„Wie bewegen wir unseren Arm?" – Die Funktionsweise von Muskeln wird in Kleingruppen mithilfe der weiterentwickelten Modelle nachvollzogen.
8. Stunde	„Wie bewege ich mich richtig?" – Die SuS erproben anhand von eigenen Bewegungen das richtige Tragen, Sitzen und Heben an drei Stationen in Kleingruppen. Dazu nutzen sie ihre Erkenntnisse zur Anatomie des Körpers.

1.2 Kompetenzorientierte Lernzielschwerpunkte

Im Mittelpunkt der Unterrichtsreihe stehen der Aufbau des menschlichen Skeletts sowie die dazugehörigen Strukturen (Muskel, Gelenke). Das Kernanliegen des Unterrichtsvorhabens liegt in einer Auseinandersetzung der SuS mit dem eigenen Körper und somit einem besseren, bewussten und gesunden Umgang mit diesem. Dabei stellt die richtige Haltung eine entscheidende Rolle dar. Das richtige Sitzen sowie das richtige Tragen, z.B. der Schultasche, werden hierbei thematisiert. Am Ende des Unterrichtsvorhabens sollen die SuS die im folgenden genannten Kompetenzen erlangt haben, die auch in den Kernlehrplänen des Landes NRW für die Sekundarstufe 1 an den Realschulen[2] zu finden sind. Die Schülerinnen und Schüler können...

- Skelett und Bewegungssystem in wesentlichen Bestandteilen beschreiben. (UF1)
- Bewegungen von Muskeln und Gelenken unter den Kriterien des Gegenspielerprinzips und der Hebelwirkungen nachvollziehbar beschreiben. (E2, E1)
- Informationen aus Texten und Abbildungen zu Fehlbelastungen des menschlichen Skeletts und möglichen Schäden zusammenfassen sowie richtiges Verhalten vorführen. (K5, K7)

1.3 Lerngruppe, Lernvoraussetzungen und Konsequenzen

Die Lerngruppe der Klasse 5x besteht aus 24 Schülern, die sich aus 9 Mädchen und 15 Jungen zusammensetzt. Die Lerngruppe besteht seit Beginn des Schuljahres. Zum Halbjahr hat eine Schülerin die Klasse verlassen und ein neuer Schüler ist dazugekommen. Im Vergleich zu den anderen SuS der Klasse fünf an dieser Schule sind die SuS dieser Lerngruppe am Fach Biologie sehr interessiert und der Leistungsstand ist als stark anzusehen. In der Mitarbeit unterscheiden sich die SuS sehr. Einige Kinder müssen häufig intensiv in das Unterrichtsgeschehen miteingebunden werden, da es sonst passieren kann, dass sie nicht mehr aktiv am Unterrichtsgeschehen teilnehmen. Aus diesem Grund werden die SuS auch vom

---

[2] Ministerium für Schule und Weiterbildung des Landes Nordrhein-Westfalen, Kernlehrplan für die Realschule in Nordrhein-Westfalen Biologie, 2011, S. 25.

Lehramtsanwärter[3] zur Mitarbeit persönlich angesprochen. Auch das Einführen und Nutzen der Meldekette wird im Unterricht genutzt, um die Eigenständigkeit der SuS weiter zu fördern. In einzelnen Unterrichtsabschnitten, werden die SuS an diese Technik herangeführt. Zwischen einzelnen SuS gibt es innerhalb der Klasse immer noch kleinere Konflikte.

(Genaue Beschreibung einzelner SuS)

Im Verlauf des Schuljahres soll die Gruppenarbeit mit den SuS geübt und angewendet werden (vgl. 1.6). Bei einzelnen Gruppenarbeitsphasen ziehen sich vor allem xx und xx noch komplett aus der Arbeitsphase heraus bzw. lenken die anderen von der Arbeit ab. Auch gibt es gerade bei der zufälligen Zusammenstellung von Lerngruppen bei den SuS soziale Probleme, so dass die Arbeit in Kleingruppen nicht immer gelingt. Innerhalb der Unterrichtsreihe soll dies aber eingeübt werden (vgl. 1.6). …

Im Mittelpunkt der Unterrichtsreihe steht neben den fachlichen Grundlagen auch das Arbeiten in Gruppen. Dabei konnte das Sozialverhalten der SuS beobachtet werden. ….

Das Trainingsraumprinzip ist bei den SuS bekannt und kann daher jederzeit genutzt werden. Sollten die SuS gegen eine der zehn Grundregeln im Unterricht verstoßen, bekommen Sie einen gelben Zettel, auf dem sie selbstständig ihre Störung eintragen. Verstoßen sie ein zweites Mal gegen eine der Regeln, so füllt der LAA den zweiten Abschnitt auf dem Zettel aus und die Schülerinnen bzw. der Schüler geht in den Trainingsraum, wo dieser die Geschehnisse mit einem anderen Lehrer bzw. Lehrerin erarbeitet. Dabei soll eine Lösung gefunden werden, dass diese Problematik nicht noch einmal auftritt. Des Weiteren gibt es an der Schule noch einen Sanitätsraum, indem SuS von anderen SuS versorgt werden, wenn es zu Verletzungen kommt. Müssen sie während des Unterrichtes dorthin gehen, bekommen Sie vom LAA einen Zettel, mit dem sie sich dann zunächst zum Sekretariat begeben. Der Biologieunterricht findet jeweils mittwochs in der vierten Stunde (10:40- 11:25 Uhr) und donnerstags in der zweiten Stunde (8:45-9:30 Uhr) im Raum xx statt. Werden Materialien aus dem Biologieraum benötigt, so müssen diese zunächst in diesen Raum gebracht werden. Innerhalb des Unterrichtsvorhabens vertiefen die SuS das Arbeiten in Kleingruppen und üben das Arbeiten mit Modellen. Die SuS sind in der Lage selbstständig kleinere Versuche durchzuführen und diese zu dokumentieren. In den letzten Stunden wurden Experimente zur Wirbelsäule durchgeführt, so dass die SuS eine Vorstellung von der Funktion und der Konstruktion der doppelten S-Form der Wirbelsäule haben. Auch lernten die SuS die Knochen des Körpers kennen und die Einteilung in fünf Bereiche (Schädel, Schulterbereich, Brustkorb, Beckengürtel, Extremitäten). Die SuS kommen von verschiedenen Grundschulen und weisen daher

---

[3] Der Lehramtsanwärter wird im Folgenden mit LAA abgekürzt.

einen unterschiedlichen Wissensstand zu den verschiedenen Themenbereichen auf, was bei der Planung berücksichtigt werden muss. Dies kann u.a. durch zusätzliche Hilfekarten bzw. Zusatzaufgaben geschehen (vgl. 2.6).

1.4 Überlegungen zur Sachstruktur

Der Bewegungsapparat des Menschen kann in den aktiven und passiven Bewegungsapparat unterteilt werden. Zusammen ermöglichen sie die Sicherung der Körpergestalt, die Körperhaltung sowie die Mobilität des Körpers. Zum passiven Bewegungsapparat gehören Knochen, Knorpel, Gelenke, Bandscheiben und Bänder, die im Wesentlichen das Stützgerüst unseres Körpers bilden und passiv sind[4]. Die Knochen des menschlichen Körpers sind über Gelenke verbunden. Eine besonders harte Form des Binde- und Stützgewebes wird als Knochen bzw. als Knochengewebe bezeichnet. Der erwachsene menschliche Körper umfasst zwischen 208 bis 212 Knochen. Neugeborene haben bis zu 350 Einzelknochen, die im Laufe des Lebens noch zusammenwachsen[5]. Die Einteilung der verschiedenen Knochen kann nach unterschiedlichen Kriterien geschehen, wobei die Einteilung nach der Form der Knochen für die SuS am besten nachvollziehbar ist. Dabei werden sogenannte Röhrenknochen (Femur), platte Knochen (Schulterblatt), zylinderförmige Knochen (Hand- und Fußwurzelknochen), hohle Knochen (Schädel), Sesamknochen (Kniescheibe) und Knochen die zu keiner dieser Kategorie gehören (Ossa irregularia), unterschieden[6]. Zum aktiven Bewegungsapparat gehört die Skelettmuskulatur und die nötigen Hilfs-/Anhangsorgane (Sehnen, Schleimbeutel,...). Der gesamte Bewegungsapparat wird über Blut und Lymphe ernährt. Die Skelettmuskulatur, die Bewegungen ermöglicht, ist zusammengesetzt aus hochspezialisierten Zellen, die chemische Energie in Muskelkontraktionen umwandeln können, die dann zu komplexen Bewegungen führen. Diese anatomischen Kenntnisse sind entscheidend, für das Verstehen der richtigen Körperhaltung. Die SuS brauchen Bewegung, um ihre motorischen Fähigkeiten zu entwickeln und zur Entfaltung ihrer Persönlichkeit. Hinzu kommt, dass ein Großteil der Kinder schon Muskel- und Haltungsschwächen aufweist[7]. Daher ist die Förderung von Bewegung und Beweglichkeit und das Verstehen von anatomischen Gegebenheiten ein wichtiger Bereich bei der Prävention von Haltungsschäden.

---

[4] Platzer, W., Taschenatlas Anatomie, Band 1: Bewegungsapparat, Thieme 2005, S. 30.
[5] Vgl.: Faller, A. & Schünke, M. & Schünke, G., Der Körper des Menschen. Einführung in Bau und Funktion. (14., Aufl.). Stuttgart, Thieme. 2004, S. 117.
[6] Platzer, W., Taschenatlas Anatomie, Band 1: Bewegungsapparat, Thieme 2005, S. 20.
[7] Vgl.: http://www.paediatrie-in-bildern.de/bildbeitraege/Haltungsschaden_Stuecker.pdf (Zugriff am 11.02.2014)

1.5 Curriculare Legitimation

In den Kernlehrplänen des Landes NRW für die Sekundarstufe 1 an den Realschulen ist das Thema „Von Kopf bis Fuß – Wir lernen unseren Körper kennen" im Inhaltsfeld Gesundheitsbewusstes Leben $(2)^8$ zu finden. Des Weiteren ist das Unterrichtsvorhaben im schulinternen Lehrplan ebenfalls unter dem Thema „Gesundheitsbewusstes Leben" mit dem Schwerpunkt Bewegung und Gesundheit für die Jahrgangsstufe 5/6 vorgesehen[9]. Im schulinternen Lehrplan wird explizit darauf hingewiesen, Gelenke des Körpers mit technischen Gelenken zu vergleichen und somit den Umgang mit Funktionsmodellen kennenzulernen. Für die SuS stellt das Thema eine hohe Schülerrelevanz dar, durch eigene oder indirekte Erlebnisse (z.b. durch Unfallschäden, Arztbesuche, Sport usw.) Zudem wollen sie die anatomischen und physiologischen Gegebenheiten des menschlichen Körpers kennenlernen. Es ist zu beachten, dass die Humanbiologie einen wichtigen Beitrag zur Gesundheitserziehung der SuS leistet, da die erlernten Unterrichtsinhalte jederzeit auf den eigenen Körper übertragen werden können.

1.6 Didaktischer Leitgedanke und Intention

Im Mittelpunkt der Unterrichtsreihe steht aus didaktischer Sicht zum einen das Vertiefen und Üben des Arbeitens in der Gruppe und die Herangehensweise an biologische Sachverhalte. Aus lernpsychologischer Sicht ist es besser, wenn SuS selbstständig im Unterricht handeln, da das erarbeitete Wissen dann besser verstanden und behalten wird. Damit die SuS selbstständig handeln können, muss ihnen im Unterricht auch die Möglichkeit dazu gegeben werden. Dabei kommen einzelne biologische Arbeitstechniken wie Beobachten, Untersuchen, Vergleichen zum Einsatz, die später in komplexeren Zusammenhängen benötigt werden. Wichtig für die SuS ist es, bei Partnerarbeit eine klare Aufgabenstellung zu haben, damit sie gemeinsam an dieser Aufgabe arbeiten können. Vorrangig kommen hier arbeitsgleiche Partnerarbeiten zum Einsatz. Die Unterrichtsreihe ist handlungsorientiert aufgebaut, was sich vor allen durch die kooperierenden Arbeitsformen zeigt, die nach dem think-pair-share-Prinzip aufgebaut sind[10]. Durch den Einbau dieser Methoden werden nicht nur die naturwissenschaftlichen Arbeitsmethoden gefördert sondern auch die Sozial- und Methodenkompetenz der SuS[11]. Die Differenzierung innerhalb der Lerngruppe erfolgt durch Hilfskarten bzw. Hilfestellungen in den Arbeitsphasen und die Zusammensetzung der Kleingruppen. Durch die Auswahl exemplarischer Themen, wie die Modelle der Gelenke, wird der

---

[8] Vgl.: Ministerium für Schule und Weiterbildung des Landes Nordrhein-Westfalen, 2011, S. 38.
[9] Vgl.: Schulinterner Lehrplan Biologie, RS Im Kleefeld, 2013.
[10] Mattes, W., Methoden für den Unterricht – Kompakte Übersichten für Lehrende und Lernende. Paderborn 2004, Schöningh, S.23.
[11] Killermann, W & Hiering, P. & Starosta, B., Biologieunterricht heute: Eine moderne Fachdidaktik, Auer, 2009, S.75.

Lerninhalt reduziert, um der gesamten Lerngruppe gerecht zu werden. Der Einsatz von Hilfskarten wurde in dieser Lerngruppe noch nicht thematisiert und dient lediglich dazu, Hilfestellung bei der Bearbeitung ihrer Aufgaben zu geben. Durch das Bereitlegen von Lösungskarten und das Kooperieren in den Gruppen kommen die SuS zu ähnlichen Ergebnissen. Auch das Einbinden von schnellen Gruppen als Experten in den anderen Gruppen ist möglich. Der Inhalt der Unterrichtsreihe orientiert sich an der Lebenswelt der SuS. Dadurch soll ein motivierender und spannender Unterricht gestaltet werden. In einem überwiegenden Teil des Unterrichtsvorhabens steht die Problemlösung im Mittelpunkt, bei dem die SuS an Strategien zur Lösung des Problems arbeiten. So werden beispielsweise Versuche durchgeführt, die die Eigenschaften der Wirbelsäule veranschaulichen.

1.7 Methodische Begründungszusammenhänge

Innerhalb der Unterrichtsreihe verfolge ich den Planungsansatz nach dem Prinzip des kooperativen Lernens. Das Unterrichtskonzept des kooperativen Lernens basiert auf dem Prinzip, dass jede Schülerin und jeder Schüler aktiviert wird. Lernen ist nach Roth (2006) ein aktiver Prozess der Bedeutungserzeugung, der individuell sehr unterschiedlich verlaufen kann. Menschen haben verschiedene Lern- und Gedächtnisstrukturen: Einer lernt am besten durch Zuhören, der andere durch Anschauen, ein Dritter lernt, indem er selbst handelt. Die unterschiedlichen Lernvoraussetzungen und -bedürfnisse können durch verschiedene Lernformen gefördert werden. Damit diese verschiedenen Lernformen auch im Unterricht eingesetzt werden können, müssen zunächst die Grundlagen hierfür geschaffen werden. Zu Beginn des ersten Halbjahrs der Jahrgangsstufe 5 wurden hauptsächlich Partnerarbeiten mit den SuS geübt. Dadurch wurde den SuS ermöglicht in einem individuellen Arbeitstempo zu arbeiten und weitere soziale Verhaltensweisen zu entwickeln. Im Verlaufe des ersten Halbjahres wurden kürzere Gruppenarbeiten durchgeführt, in denen die SuS gelernt haben, eigenständig zu arbeiten, damit später komplexere Gruppenarbeiten möglich sind. Bei diesen kooperierenden Arbeitsformen tauschen sich die SuS untereinander aus und legen sich Sachverhalte gegenseitig dar. Seit den Weihnachtsferien arbeiten die SuS regelmäßig in Kleingruppen und üben diese Arbeitsweisen. Der Einstieg in die Unterrichtsreihe erfolgt in Kleingruppen, bei denen die SuS zunächst die Umrisse ihres Körpers im Verhältnis 1:1 zeichnen und dann die wichtigsten Knochen zuordnen. Um eine motivierende Lernatmosphäre in den Gruppen zu schaffen, wurden die zu behandelnden Themen z.B. in Geschichten verpackt und somit für die Lerngruppe ansprechend formuliert. Im weiteren Verlauf des Unterrichtsvorhabens steht das Arbeiten in Kleingruppen im Mittelpunkt, in denen Experimente, Textarbeit und der Umgang mit Modellen eine Rolle spielen. Die Präsentation der Arbeitsergebnisse erfolgt in der Regel nicht durch einzelne SuS sondern zu zweit oder dritt, da dies den SuS mehr Sicherheit gibt. Die Präsentation der Ergebnisse erfolgt z.B. in kurzen Vorträgen, wobei sich die SuS an ihren Unterlagen orientieren können, die sie während der Gruppenarbeit erarbeitet haben. Zwischendurch finden auch Einheiten in Einzelarbeit statt, bei denen Texte gelesen bzw. Arbeitsblätter ausgefüllt werden. Die Kontrolle dieser Phasen, zu denen auch die Hausaufgaben gehören, erfolgt in der Regel durch kooperierende Arbeitsweisen.

1.8 Überprüfung des Lern- und Kompetenzzuwachses

In der Unterrichtsreihe wird der Lern- und Kompetenzzuwachs der SuS auf unterschiedliche Art und Weise überprüft. Zum einen wird immer wieder im Verlauf des Unterrichtes das Gelernte durch Sicherung mit Hilfe von Arbeitsblättern überprüft. Zum anderen gibt es zu Anfang einzelner Stunden oftmals eine kurze Fragerunde, die das Gelernte der vorausgegangenen Stunde wiederholt und überprüft. Bei diesen Fragerunden werden die SuS, die antworten sollen, durch ein Zufallsprinzip ausgesucht. Darüber hinaus wird der Lern- und Kompetenzzuwachs der SuS am Ende der Unterrichtseinheit durch eine Kurzabfrage in schriftlicher Form überprüft. Außerdem erfolgt die Leistungsbewertung anhand von angefertigten Arbeitsprodukten, zu denen z.B. die Plakate der Gruppen und das Arbeitsheft gehören. Die Auswertung erfolgt anhand transparenter Kriterien, wie z.B. Vollständigkeit. Beiträge zum Unterrichtsgeschehen werden ebenfalls beachtet, wobei auch auf eine sprachliche Richtigkeit geachtet wird.

2 Unterrichtsstunde

2.1 Thema der Unterrichtsstunde

Gelenke unseres Körpers – Bewegung durch Gelenke!

2.2 Lernzielschwerpunkte der Unterrichtsstunde

Die Schülerinnen und Schüler erkennen, dass Gelenke Bewegungen ermöglichen und ordnen diese dem menschlichen Körper zu.

Indikatoren:

Die SuS...

* ... beschreiben die Funktionsweise von Kugel-, Scharnier- und Sattelgelenk anhand verschiedener Modelle.
* ... vergleichen das Modell mit ihrem eigenen Körper.
* ... demonstrieren ihren Mitschülern die Ergebnisse aus ihrer Forschungsarbeit.
* ... erschließen aus den Präsentationen die Unterschiede der einzelnen Gelenkarten.
* ... verknüpfen die einzelnen Informationen zu einem Merksatz.

2.3 Konkretisierungen zur Lerngruppe und Lernvoraussetzungen

In der heutigen Unterrichtsstunde dürfen die SuS ihre alten Materialien aus den vergangenen Stunden als Hilfe benutzen. Hierzu zählt das Blatt zum menschlichen Körper, indem sie die verschiedenen Knochen benannt haben. Die heutige Stunde findet nicht in der regulären Zeit statt sondern anstelle des Sportunterrichts. Daher könnte damit zu rechnen sein, dass nicht alle SuS ihre Unterrichtsmaterialien dabei haben. Nicht nur das fachliche sondern auch das methodische Vorgehen steht im Mittelpunkt der Stunde, in der die SuS weiterhin üben, in Kleingruppen zu arbeiten (vgl. 1.6). Aus diesem Grund kann es nötig sein, einzelne Gruppenmitglieder mit anderen zu tauschen oder sie speziell zu motivieren. Außerdem wurden die Gruppen für die Arbeit an den Modellen mit der Wirbelsäule bereits gebildet und in diesen Konstellationen arbeiten die SuS auch in der heutigen Stunde. Bei den Gruppenzusammensetzungen wurde darauf geachtet, dass die individuellen Lernvoraussetzungen und sozialen Kompetenzen berücksichtigt wurden.

...

Aufgrund der Zusammensetzungen der Gruppen bekommen die SuS unterschiedlich schwierige Gelenkarten (vgl. 2.5). Eine besondere Situation stellt für die SuS die Anzahl an Erwachsenen im Unterricht dar, insbesondere xxx kann Probleme mit dieser besonderen Situation haben (Konsequenzen vgl. 1.3). Das Präsentieren von Ergebnissen oder auch Hausaufgaben wurde bereits im Unterricht von einzelnen

SuS geübt, allerdings kann es bei anderen SuS dazu kommen, dass sie noch große Probleme damit haben. In diesem Fall kann die Gruppe oder auch die parallele Gruppe diesen SuS helfen und vor allem können sie ihre Arbeitsblätter als Hilfe nutzen. Die zu präsentierenden Ergebnisse wurden daher sehr knapp bemessen. Da die SuS allgemein noch nicht an das Präsentieren vor einer so großen Anzahl an Zuhörern gewöhnt sind, wurde darauf geachtet, dass ihre Präsentationen nicht allzu lange dauern. Sollte eine zu große Unruhe entstehen, werden die SuS einzelnen oder im Plenum auf die allgemeinen Regeln noch einmal hingewiesen.

2.4 Überlegungen zur Sache

Damit der Mensch eine Vielzahl von Bewegungen ausführen kann, müssen die starren Knochen des Körpers durch flexible Verknüpfungen verbunden werden. Diese Verbindungen sind Gelenke, die in unterschiedlichen Gelenkarten im Körper vorkommen. Durch die unterschiedlichen Gelenkarten wird die notwendige Flexibilität für Bewegungen des Körpers und die Fortbewegung garantiert. Mindestens zwei Knochen sind in einem Gelenk beweglich miteinander verbunden[12]. Der gewölbte Gelenkkopf des einen Knochens passt exakt in die dafür vorgesehene geformte Gelenkpfanne des anderen Knochens. Sowohl der Gelenkkopf als auch die Gelenkpfanne sind von einem Knorpel überzogen und durch einen Gelenkspalt getrennt. Umgeben sind diese Strukturen von einer Gelenkkapsel, in der sich eine viskose Flüssigkeit befindet. Diese wird auch als so genannte Gelenkschmiere bezeichnet. Durch diesen speziellen Aufbau wird die Reibung zwischen den Knochen minimiert und somit der Verschleiß reduziert. Unterstützt werden die Gelenke, vor allem die großen Gelenke wie das Schulter- und Kniegelenk, durch starre Bänder. Eine komplette Thematisierung aller Funktionen des menschlichen Körpers bzw. des Organismus ist aus schulischer Sicht nicht sinnvoll und aus zeitlichen Gründen auch nicht durchführbar. Daher ist es wichtig, dass zentrale Lebensvorgänge deutlich gemacht werden, die eine exemplarische Bedeutung für den gesamten Organismus aufzeigen. Hierzu zählen auch die Körperbewegungen, die einen essenziellen Bestandteil des Lebens des Menschen darstellen. Die starren Knochen des Körpers werden über die flexiblen Gelenke verbunden und ermöglichen so eine Vielzahl von Bewegungen. Der Aufbau eines „echten Gelenks" ist äußerst komplex und muss für die SuS vereinfacht werden. Durch die unterschiedliche Bauweise der Gelenke

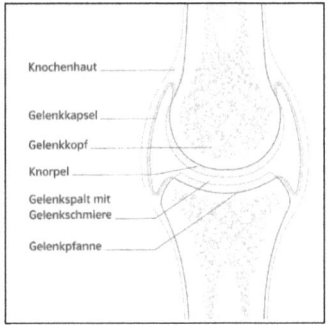

Knochenhaut

Gelenkkapsel

Gelenkkopf

Knorpel

Gelenkspalt mit Gelenkschmiere

Gelenkpfanne

Abbildung 1: Aufbau eines echten Gelenks (Quelle: Prisma Naturwissenschaften 2012, S. 216 .)

---

[12] Platzer, W., Taschenatlas Anatomie, Band 1: Bewegungsapparat, Thieme 2005, S. 28

verfügen die Gelenke über unterschiedliche Freiheitsgrade, wobei einachsige Gelenke (z.B. Scharniergelenke), zweiachsige Gelenke (z.B. Eigelenke, Sattelgelenke) und dreiachsige Gelenke (z.B. Kugelgelenke) unterschieden werden können[13].

Gelenkarten		
Kugelgelenk	Sattelgelenk	Scharniergelenk
Bewegung in alle Richtungen möglich (z.b. Schulter-, Hüftgelenk)	Bewegung in zwei Ebenen möglich (z.b. Daumen)	Bewegung in einer Ebene möglich (z.b. Knie-, Ellenbogengelenk)

Tabelle 1: Gelenkarten (Quelle: http://www.coachingsysteme.com/wp-content/ uploads/2011/12/Gelenkmechanic.bmp)

2.5 Didaktische Überlegungen

Der Schwerpunkt in der heutigen Unterrichtsstunde liegt auf dem Kennenlernen und Entdecken der Funktionen der Gelenke, die für die Bewegungen des menschlichen Körpers entscheidend sind. Exemplarisch werden hierfür drei Gelenkarten ausgewählt, die dann hinsichtlich der Bewegungsfähigkeit untersucht werden. Des Weiteren werden den Gelenkarten dann Gelenke des menschlichen Körpers zugeordnet. Eine Differenzierung erfolgt hier durch die unterschiedliche Komplexität der verschiedenen Gelenkarten. Kugelgelenk und Scharniergelenk sind anhand der Modelle für die SuS nachvollziehbar. Auch die Übertragung auf den menschlichen Körper ist durch die einfache Lage der Gelenke möglich. Das Sattelgelenk ist nur am Daumen zu finden und ist für die SuS schwer zuzuordnen. Das dazugehörige Modell besteht aus zwei Teilen und bedarf daher einer kurzen Anleitung. Sollten die Gruppen nicht auf eine Zuordnung im Körper stoßen, so gibt es für diese Gruppen eine Hilfskarte der Hand, die den SuS hilft das Gelenk richtig zuzuordnen. Ausgehend von 8 Gelenkarten die es im menschlichen Körper gibt, wurden diese für den Unterricht auf drei reduziert. Die exemplarisch erarbeiteten Kenntnisse können später auch auf weitere Gelenkarten übertragen werden. Der Aufbau der Gelenke wird nicht in der Unterrichtsstunde thematisiert. Die ausführenden Strukturen, wie z.B. Muskeln und Sehnen werden ebenfalls nicht thematisiert, da dies den Lerngegenstand zu komplex für die Lerngruppe macht. Im Sinne der didaktischen

---

[13] Platzer, W., Taschenatlas Anatomie, Band 1: Bewegungsapparat, Thieme 2005, S. 28.

Reduzierung werden die Freiheitsgrade der Gelenke den SuS zugänglich gemacht. Mithilfe der Modelle, die eine vereinfachte Abbildung der zu untersuchenden Objekte bzw. Systeme darstellen, wird die Komplexität der Gelenke weiter reduziert und somit den SuS verständlicher gemacht. Im Vergleich zum Original unterscheiden sie sich durch die Abstraktionen, die unterschiedliche Dimension sowie durch ein anderes Material. Mithilfe der Modelle sollen die SuS Erkenntnisse selbstständig gewinnen. Zum Einsatz kommen Strukturmodelle, die morphologische bzw. anatomische Merkmale darstellen. Durch den Einsatz der Modelle soll das Verständnis biologischer Sachverhalte erleichtert werden, so dass eine didaktische Vereinfachung für die SuS angestrebt wird. Sachverhalte sind dadurch leichter nachvollziehbar. Der Einsatz der Gelenkmodelle im Unterricht ermöglicht eine Reduktion des Unterrichtsgegenstandes für die SuS. Dabei wurde darauf geachtet, dass die eingesetzten Modelle altersgemäß sind, ohne die entscheidenden Bestandteile eines Gelenks zu reduzieren. Außerdem erhöht der Einsatz von Modellen die Motivation der SuS[14]. Der Vergleich von Modellen und Realobjekt schärft außerdem den Blick für den zu untersuchenden Gegenstand selbst. Zu unterscheiden sind im Unterrichtseinsatz die Anwendung von fertigen Modellen und dem erstellten Modell. Das selbstständige Erstellen von Modellen, kann die Erkenntnisgewinnung unterstützen, bedarf aber auch zusätzlicher Zeit. Aufgrund der Vorerfahrungen der letzten Stunden, in denen sich die SuS mit Modellen der Wirbelsäule auseinandergesetzt haben, sollten sie in der Lage sein mit den bereitgestellten Materialien, besonders den Modellen, umgehen zu können. Über die Zusatzaufgaben im Unterricht kann eine weitere Differenzierung erreicht werden, so dass das unterschiedliche Lerntempo der SuS berücksichtigt wird. Aufgrund der Erkenntnisse durch die Zusatzaufgaben kann die Präsentation der Forschungsarbeiten der Gruppen weiter ausgebaut werden und auch die anderen SuS profitieren von dieser Arbeit. Innerhalb der Unterrichtsvorhabens „Von Kopf bis Fuß" lässt sich für die SuS ein direkter Lebensweltbezug herstellen (vgl. 1.4).

2.6 Methodische Überlegungen

Zu Beginn der Unterrichtsstunde steht eine Einordnung der Unterrichtsstunde in das aktuelle Unterrichtsvorhaben. Der Ablauf der Unterrichtsstunde orientiert sich nach den einzelnen Lernschritten des Lehr-Lern-Modells nach Leisen[15]. Der Stundeneinstieg wird durch das Aufwerfen einer Problemstellung eröffnet, die an der Lebenswelt der SuS anknüpft und somit für das Unterrichtsthema motiviert. Hierzu blockiert der LAA das Ellenbogengelenk und versucht ein Glas zu greifen und etwas zu trinken. Im Folgenden sollen die SuS Hypothesen formulieren, warum es nicht

---

[14] Mattes, W., Methoden für den Unterricht – Kompakte Übersichten für Lehrende und Lernende. Paderborn 2004, Schöningh, S.66.
[15] Vgl.: http://www.josefleisen.de/uploads2/02 Der Kompetenzfermenter- EinLehr-Lern-Modell/1 EinLehr-Lern-ModellfuerdenkompetenzorientiertenUnterricht.pdf

gelingt, das Glas zum Mund zu führen. In dieser Phase wird eine Vorstellung bei den SuS geweckt, was Gelenke sind und es kommt zu einer Aktivierung, durch das Anknüpfen an Vorwissen. Sollten die SuS nicht auf kreative Ideen kommen, so wird ein Scharnier den SuS gezeigt und gefragt, in welchem Zusammenhang dieses mit dem Unterricht steht. Die Visualisierung der Fragestellung erfolgt auf einer Folie, so dass sie zu jeder Zeit einsehbar ist und während des gesamten Unterrichtsverlaufes präsent erscheint. Die Folie ermöglicht das Festhalten der Vermutungen der SuS und kann in der Abschlussreflexion wieder genutzt werden, um die Ausgangsfrage zu beantworten. Des Weiteren kann die Folie in den nächsten Stunden wieder verwendet werden, wenn Themenbereiche aufgegriffen werden, die zuvor festgehalten wurden. In dieser Phase entwickeln die Lernenden individuelle Vorstellungen zur Problemstellung. Dabei greifen sie auf Vorwissen, Vorerfahrungen sowie auf Vermutungen zurück. Nachfolgend wird im Sinne der Zieltransparenz das Stundenziel vom LAA dargestellt. Die Erarbeitungsphase erfolgt nach dem Lehr-Lern-Modell von Josef Leisen als dritter Lernschritt, der in Form von gruppenteiligen Gruppenarbeiten stattfindet. Die Ergebnisse werden am Ende der Stunde den anderen Gruppen im Plenum präsentiert, und somit findet eine Verknüpfung des Wissens statt. Dabei wird die Idee des entdeckenden und selbstständigen Lernens durch die Bearbeitung unterschiedlicher Arbeitsaufträge in den Gruppen verfolgt, um somit einen offenen Unterricht zu gestalten. Alle Gruppen sollen dabei die unterschiedlichen Beweglichkeit der Gelenke herausfinden, sowie das Modell auf ein Gelenk im Körper beziehen und die jeweils beteiligten Knochen benennen. Es werden fertige Modelle eingesetzt, um den SuS mehr Lernzeit zu ermöglichen. Auf das Zusammenbauen eines Modells wird an dieser Stelle verzichtet, da es zu keinem zusätzlichen fachlichen Erkenntnisgewinn führt. Die Übertragung vom Modell auf das reale Objekt geschieht durch die Zuordnung der am Gelenk beteiligten Knochen sowie der Zuordnung zum eigenen Körper. Bevor die SuS allerdings mit der Gruppenarbeit beginnen, wird der Stundenablauf mithilfe einer Folie visualisiert. Dabei ist es wichtig, dass die SuS wissen, dass ihre Ergebnisse aus den Gruppenarbeiten später von ihnen präsentiert werden müssen. Eine vorhandene Countdown-Uhr ermöglicht den SuS eine optimale Zeittransparenz während der Arbeitsphase. In den Gruppen sind die Gruppenfunktionen ganz klar verteilt, so dass die SuS unterschiedliche Aufgaben haben. Es gibt den Gruppensprecher, der darauf achtet, dass sich die Gruppe einigt, Texte vorliest und gegebenenfalls auch die Ergebnisse vorträgt. Der Materialholer ist für die Organisation des Materials zuständig und achtet auf die Vollständigkeit bei der Rückgabe. Damit die Gruppenarbeit in einem angenehmen Lernklima stattfindet, achtet der Zeitwächter auf eine angemessene Lautstärke. Als Anhaltspunkt für ihn ist das Einhalten der 30-cm-Stimme von besonderer Bedeutung. Der Zeitwächter achtet darauf, dass die Zeitangaben eingehalten werden und treibt die Gruppe wenn nötig an, die Ergebnisse festzuhalten. Sollten diese Aufgaben in den einzelnen Gruppen nicht mehr bekannt sein, bekommen die SuS im Verlaufe der Arbeitsphase kleine Karten, auf denen diese Funktionen noch einmal festgehalten sind. Anhand einer Folie, die während der Arbeitsphase aufliegt, werden die Funktionen in den Gruppen für die SuS visualisiert. Die Gruppen und die Aufgaben wurden durch den LAA verteilt. Diese Einteilung erfolgt aufgrund des unterschiedlichen Leistungsstands der SuS und ihren methodischen sowie sozialen Kompetenzen. Die Gruppen wurden in den letzten Stunden bereits eingeteilt und arbeiten über den Verlauf von 3 Unterrichtsstunde zusammen, um zum einen das kooperierende Arbeiten in der Lerngruppe zu fördern und zum anderen das soziale Gefüge innerhalb der Klasse positiv beeinflussen zu können. Das Arbeiten in diesen Gruppen klappt mittlerweile gut, dennoch kann es bei den Arbeiten in der Gruppe zu unterschiedlichen Problemen kommen, da die SuS teilweise Schwierigkeiten haben, ihre Lernprozesse zu strukturieren. Sollten vereinzelt Probleme bzw. mangelnde Motivation bei den SuS zu erkennen sein, z.B. in Form von Privatgesprächen oder Beschäftigungen ohne Bezug zum Unterrichtsgeschehen, so muss in diesen Fällen der Grund für das Verhalten geklärt und durch Gegenmaßnahmen unterbunden werden (vgl. 2.3). Durch Hilfskarten kann einer Überforderung entgegengewirkt werden. Durch zusätzliche Aufgaben kann eine Unterforderung abgebaut und durch eine teilweise Neustrukturierung der Gruppen eine mangelnde Motivation[16] behoben werden.

Der dritte Lernschritt stellt die Erarbeitungsphase dar, die in Form von Gruppenarbeiten stattfindet. Diese Form des offenen Unterrichtes beinhaltet das selbstständige und entdeckende Lernen durch die Bearbeitung ähnlicher Arbeitsaufträge, allerdings von unterschiedlichen Gelenkarten. Die SuS arbeiten in 6 Gruppen zu je 4 SuS, wobei immer zwei Gruppen die gleichen Gelenkarten bearbeiten. Bei der Bearbeitung ihrer Gelenkart stehen den SuS unterschiedliche Medien zur Verfügung. Zum einen beinhalten die Forschungsblätter Bilder zu den Gelenken. Zu jeder Gelenkart gibt es ein Funktionsmodell, dass die SuS testen und den Gelenken im Körper zuordnen können. Damit der Lernprozess der SuS optimal unterstützt werden kann, wurde auf diese kognitiven, visuellen, haptischen sowie praktischen Mittel zurückgegriffen. Damit werden die unterschiedlichen Lerntypen berücksichtigt. Durch die höhere Schüleraktivierung in der Erarbeitungsphase kann der LAA in beratender Form agieren. Sollten spezielle Fragen zum Lerngegenstand gestellt werden, so werden diese am Ende der Stunde besprochen bzw. als Hausaufgabe in Form eines Kurzvortrags aufgegeben. Nach der Erarbeitungsphase erfolgt die Präsentation der Ergebnisse, was nach Leisen dem Lernschritt 4 „Lernprodukt diskutieren" entspricht. In Kleingruppen stellt jeweils eine Gruppe ihre Ergebnisse vor und wird dabei von der anderen Gruppe ergänzt. Hierbei dient das gegenseitige Beschreiben der individuellen Festigung des Lernstoffes. Das Festhalten der Ergebnisse erfolgt auf vorstrukturierten Forschungsblättern, die den SuS die Möglichkeit geben ihre Ergebnisse zu sichern und zu ordnen. Durch diese Vorstrukturierung ist es möglich, dass die SuS die wesentlichen Merkmale der

---

[16] Vgl.: Killermann, W & Hiering, P. & Starosta, B., 2009, S. 64.

verschiedenen Gelenkarten erfassen und genügend Zeit haben den Präsentationen der Gruppen zu folgen.

Der abschließende Lernschritt „Lernzugewinn definieren" erfolgt in der Abschlussreflexion zum Stundenende. Mithilfe der gewonnenen Erkenntnisse aus der Gruppenarbeit bzw. der Präsentationen wird ein gemeinsamer Merksatz formuliert. Hierbei findet eine Reflexion der zu Beginn der Stunde formulierten Problemstellung statt, wobei die SuS zunächst selbstständig Antworten gedanklich formulieren und dann einen gemeinsamen Merksatz festhalten. Das Anwenden der Erkenntnisse aus der Unterrichtsstunde erfolgt in Form eines Arbeitsblattes, indem die SuS selbstständig alle Gelenke markieren und den verschiedenen Gelenkarten zuordnen müssen. Sollte die Erarbeitungsphase I oder die Sicherung mehr Zeit beanspruchen, so ist geplant diesen Arbeitsschritt als Hausaufgabe den SuS aufzugeben. Eine Prüfung dieser ist in der nächsten Stunde möglich, z.B. indem ihre Erkenntnisse in den Kleingruppen besprochen werden.

2.7 Stundenverlaufsplan

Phase	Zeit	Unterrichtsgeschehen	Sozialform/Medien	Didaktischer Kommentar
• Begrüßung	• ca. 2 Min. 10:40 Uhr	• LAA begrüßt SuS.	• Plenum	• Stundenbeginn wird signalisiert. • Auflockerung der Besuchssituation.
• Einstieg	• ca. 5 Min. 10:42 Uhr	• LAA blockiert das Ellenbogengelenk und versucht etwas zu trinken. • Formulieren einer Forscherfrage. • SuS stellen Hypothesen auf, was unseren Körper beweglich macht. • SuS stellen Vermutungen auf, was den Körper beweglich macht.	• Overhead-Projektor • Meldekette • Röhre • Wasserglas • Scharnier • Folie mit Skelett	• Motivation der SuS. • Zeittransparenz herstellen. • Didaktische Hilfe: „Zeigen eines Scharniers" und das Skelett des Menschen auf einer Folie bzw. als Modell.
• Hinführung zur Erarbeitungs-phase	• ca. 5 Min. 10:47 Uhr	• Erstellen einer Mindmap mit den Vermutungen der SuS. • Wiederholung der Aufgaben in den Gruppen. • Organisation der Kleingruppen und Ausgabe der Materialien.	• Plenum • Folie mit Gruppen • Overhead-Projektor	• Vermutungen zur Überprüfung aufstellen. • Bereich Gelenke auf der Mindmap farbig markieren, um den Schwerpunkt der Stunde für die SuS zu verdeutlichen.
• Erarbeitungs-phase I	• ca. 16 Min. 10:52 Uhr	• SuS erarbeiten die Funktionsweise und Eigenschaften der ausgewählten Gelenkarten in Kleingruppen. • Die SuS ordnen den Modellen die Strukturen des menschlichen Körpers zu.	• Kleingruppen • Arbeitsblätter • Gelenkmodelle • Countdown-Uhr	• Didaktische Reserve: Schnelle Gruppen finden eine zusätzliche Aufgabe am Lehrerpult: „Vergleich der Gelenke mit Gegenständen aus dem Alltag."
• Sicherung	• ca. 10 Min. 11:08 Uhr	• Ausgabe der Merkzettel für alle SuS, die gemeinsam vervollständigt werden. • Sicherung der Ergebnisse – Je eine Gruppe präsentiert ihre Ergebnisse (lesen ihr Merksätze vor) und beschreibt ihr Vorgehen. • SuS gehen auf die Äußerungen ihrer Mitschüler/innen ein. • Formulieren eines Merksatzes, der die Forscherfrage	• Plenum • Folien • Overhead-Projektor • Merkzettel • Modelle	• SuS üben das Präsentieren von Ergebnissen. • LAA bekommt eine Rückmeldung über den Wissensstand der SuS. • Didaktische Reserve: SuS äußern sich zu den Arbeiten mit Modellen.

17

		beantwortet.		
• Anwenden der Ergebnisse	• ca. 5 Min. 11:18 Uhr	• SuS markieren je eins der verschiedenen Gelenkarten auf ihrem Arbeitsblatt und ordnen es richtig zu.	• Arbeitsblätter	• Mit Hilfe ihrer Unterlagen werden die Ergebnisse aller Gruppen angewendet. • Didaktische Reserve: Alle Gelenke werden von den SuS markiert und zugeordnet.
• Abschluss-reflexion	• ca. 2 Min. 11:23 Uhr	• Notieren der Hausaufgaben. • LAA gibt ein Feedback zur Stunde und einen Ausblick auf die nächste Stunde.	• Hausaufgaben-planer • Plenum	• Transparenz schaffen, Abschluss der Stunde

3   Literatur und Quellennachweis

a) Barmeier, Marion u.a., Prisma Naturwissenschaft 5/6. Stuttgart: Ernst Klett Verlag 2009.

b) CAMPBELL u. REECE: Biologie. Sprektrum 6 Auf., Berlin 2003.

c) ECKEBRECHT u. KLUGE: Prisma Biologie S1 – Experimente Sammlung. Ernst Klett Verlag, Stuttgart 2007.

d) KILLERMANN, HIERING u. STAROSTA.: Biologieunterricht heute. Eine moderne Fachdidaktik. 11. Auf., Auer Verlag, Donauwörth 2005.

e) Ministerium für Schule und Weiterbildung des Landes Nordrhein-Westfalen, Kernlehrplan für die Realschule in Nordrhein-Westfalen. Biologie 2013.

f) Schuleigener Lehrplan Biologie der Realschule Im Kleefeld.

g) SPÖRHASE u. RUPPERT: Biologiedidaktik. Praxisbuch für die Sekundarstufe I und II. Cornelsen Scriptor, Berlin 2006.

4   Anhang

4.1   Stundenziel als Mindmap auf einer Folie:

Warum sind wir so beweglich?

4.2   Erwartete Mindmap:

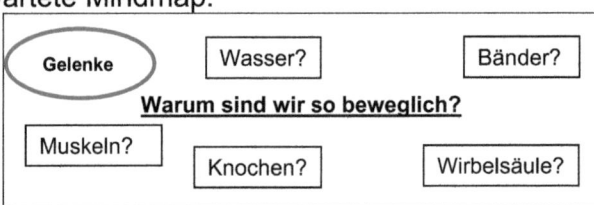

4.3   Stundenablauf als Plakat:

Ablauf der Stunde

1. Warum sind wir so beweglich - Forschungsfrage

2. Forschen an den Modellen in den Gruppen

3. Vorstellung der Ergebnisse

4.4   Folie der Zusammensetzung der Gruppen:

Eingesetzte Materialien:

Modell Scharniergelenk	Modell Sattelgelenk
Modell Kugelgelenk	Röhre zum Blockieren des Ellbogengelenks
Scharnier	Kerzenhalter

<u>Zusatzaufgabe:</u>

<u>Eine knifflige Frage:</u>

Ihr habt nun eine Vorstellung von eurem Gelenk.

Überlegt gemeinsam wo ihr vielleicht ein solches Gelenk in eurem Alltag wiederfindet?

Haben Türen ein Gelenk oder vielleicht deine Schreibtischlampe?

<u>Hilfskarten zum Sattelgelenk:</u>

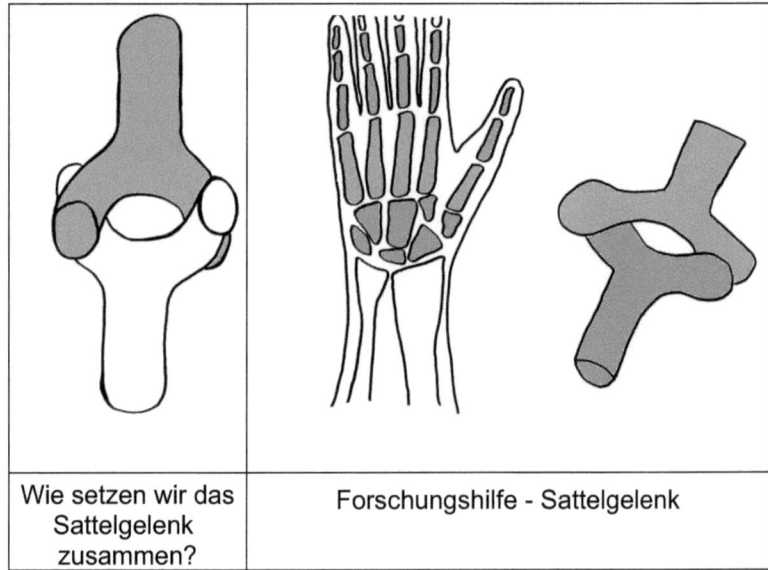

Wie setzen wir das Sattelgelenk zusammen?	Forschungshilfe - Sattelgelenk

Mögliche eingesetzte Modelle/ Hilfsmittel:

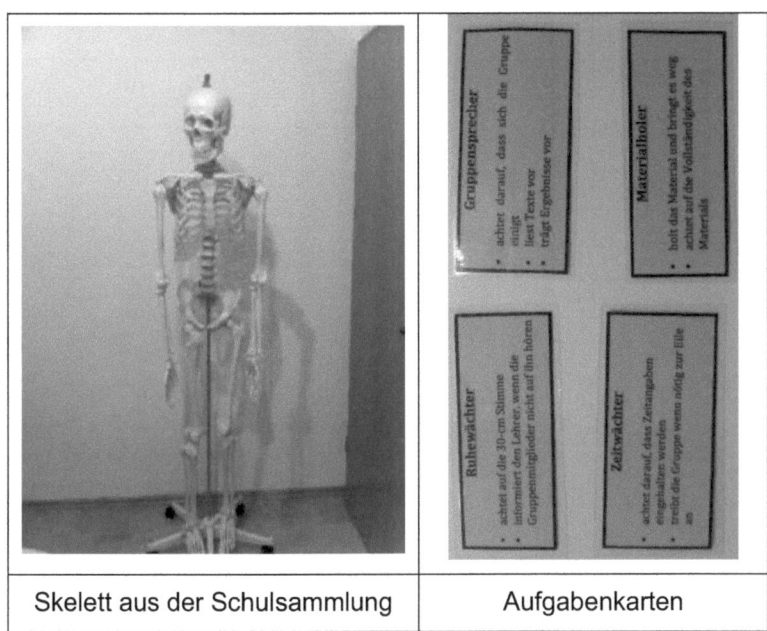

| Skelett aus der Schulsammlung | Aufgabenkarten |

Countdown-Uhren

Sitzplan und Gruppeneinteilung:

 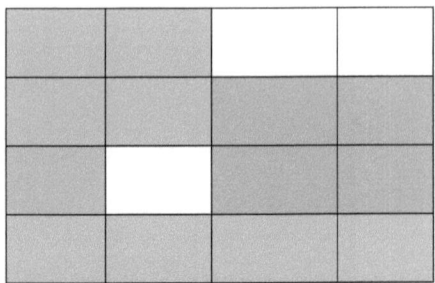

Lehrerpult